大自然为什么

森林朋友圈

王元容·张涵易·何佳芬 / 文　陈振丰 / 摄影

海峡出版发行集团
THE STRAITS PUBLISHING & DISTRIBUTING GROUP | 福建少年儿童出版社
FUJIAN CHILDREN'S PUBLISHING HOUSE

大自然为什么

扫码看完整视频

森林朋友圈

3

为什么树袋熊在树上不会掉下来?

▼每一只树袋熊看起来都很像,不过它们的毛色有深灰、浅灰和浅咖啡色的分别,外形也有些许不同。
(图片提供 / 达志影像)

　　大耳朵、大鼻子,身体圆圆胖胖,全身毛茸茸的,树袋熊看起来就像玩具一样。树袋熊是澳大利亚特有的动物,虽然它的名字里有个"熊"字,但实际上并不属于熊科,而是和袋鼠、负子鼠一样的有袋类动物,目前只分布在澳大利亚东部的昆士兰州、新南威尔士州和维多利亚州的低海拔按树林里。

西澳大利亚州　北领地　昆士兰州

南澳大利亚州

新南威尔士州

维多利亚州

塔斯马尼亚州

▲树袋熊前脚的前两趾和其他三趾分开，所以脚趾可以张得很大，方便抓握。

（摄影 / 詹德川）

　　树袋熊一年到头几乎都在桉树上生活，就算是要换另一棵树，也是从这棵树的树梢直接爬到另一棵树上。除非两棵树的距离太远，树袋熊才会爬下树，在地面行走。树袋熊在树上摘叶子吃，把身体卡在树杈上睡觉。它们每天的睡眠时间长达 18 小时 ~20 小时，而且通常是白天睡觉，晚上才开始活动。

　　树袋熊的四肢很强壮，可以支撑身体的重量，前后脚都有又尖又长的弯爪子，可以紧紧地抓住树干。树袋熊睡觉的时候，也常常用两只前脚紧紧抓住树干，这样就不怕掉下去了！

▲脚掌有厚厚的肉垫。

（摄影 / 张义文）

　　树袋熊清醒的时候，总是动作
慢吞吞的，懒洋洋地找树叶吃。树
袋熊最爱吃东西，但它们只吃桉
树的嫩叶和嫩枝，而不是每一种桉树的叶子都吃。澳大利亚大
约有七八百种桉树，树袋熊只吃其中的三十几种。树袋熊的嗅
觉非常灵敏，找到叶子后会先闻一闻，喜欢的才吃。树袋熊的
英文名称是 Koala（考拉），据说源自澳大利亚原住民的方
言，意思是"不喝水的"，因为树袋熊很少喝水，它们所需的
水分大多由叶片中获得。

一天到晚都挂在树上的树袋熊，慢吞吞、懒洋洋的模样跟树懒是不是很像呢？
树袋熊和树懒有什么不一样？究竟谁才是慢动作冠军？一起来比比看。

树袋熊

三趾树懒

（本页图片提供／达志影像）

树袋熊	项目	三趾树懒
树栖，澳大利亚	环境	树栖，中南美洲热带雨林
只吃桉树叶和桉树嫩枝	食	主要吃树叶、嫩芽和果实
前后脚都有又尖又长的弯爪子，前脚的前两趾和其他三趾分开	脚趾	三趾等长，爪呈钩状
全身圆滚滚，鼻子特别大，身上有厚密的毛皮，胸前的毛是白色的	外形	脖子特别长，体毛又长又粗，因为藻类寄生使得毛皮呈绿色，成为巧妙的伪装
把身体卡在树杈，抱着树干睡觉，每天平均睡 18 小时～20 小时	睡眠	长时间倒挂，甚至睡觉也是这种姿势，每天平均睡 17 小时～18 小时
平时很少下树，直接在树上排泄	活动	平时很少下树，只有每个月一两次排泄时才下地

7

为什么猫头鹰在晚上也能看得清清楚楚？

扫码看视频

夜晚活动的猫头鹰有一双又圆又大的眼睛，看起来很像戴眼镜的学者，所以在童话中常常担任老师的角色。但在自然界里，猫头鹰是凶猛的飞禽，它们能在黑暗中准确捕捉奔跑的猎物。昆虫、老鼠、蛇和小型鸟类等，都是猫头鹰的大餐。猫头鹰如何在黑暗中清楚地看见猎物呢？

▲猫头鹰在振翅时几乎没有声音，能静悄悄地靠近而不被猎物察觉。
（图片提供／达志影像）

◀猫头鹰扁平且微凹的脸像雷达一样，能集聚声音，听得更清楚。

除了有广阔的视野角度和擅长转动的脖子，猫头鹰还拥有敏锐的夜间视觉。猫头鹰的视网膜中有大量的杆状细胞。杆状细胞负责收集光线，所以即使只有一点点光，猫头鹰都看得见；光线太强，猫头鹰反而看不清楚，因此它们白天总是躲在树丛或阴暗的地方休息。

猫头鹰的眼睛不像一般鸟类那样长在脸的两侧，而是和人类一样，两只眼睛都长在脸的正前方，所以猫头鹰双眼视线重叠的范围比一般鸟类大，能够清楚分辨物体的前后、远近。它们的眼球呈圆柱状，被固定在眼窝里，没办法转动。如果要观察四周，猫头鹰会直接转头。

▲猫头鹰的脖子最多能转动 270 度，所以它直接转头看背后，也不怕扭到脖子哟！

动物视力比一比

哪一种动物的视力最好？其实很难说，不同动物为了适应不同环境，演化出了不同的视觉系统。

能同时往两个方向看

　　变色龙的两眼能分别看向不同方向，一只眼睛看前方的小虫，另一只眼睛注意天上的敌人。因为双眼各有180度的视野，所以变色龙眼中的世界没有任何死角。它们捕猎时会用双眼一起锁定猎物，来精准判断猎物的距离。变色龙和人类一样能看到很多颜色，但只能看清眼前约20厘米的景象，远一点就变模糊了。

（图片提供／达志影像）

能看得很远

　　老鹰能把视线中央的物体放大6倍~8倍，以便在高空看清地面的猎物，不过两旁的景象就没这么清楚了。老鹰的运动视觉极强，人类1秒钟约能辨认16幅影像，老鹰1秒却能辨认约300幅影像，在我们眼中物体的快速移动，在老鹰眼中却是慢动作，因此它们能捕捉奔跑的猎物。老鹰的眼睛还有少许细胞可以感知紫外线，由于动物的尿液会在紫外线下发光，老鹰就锁定尿液多的地区来搜寻猎物。

能看得很广

　　最初生活在辽阔草原上的马，为了随时注意周围的猎食者，视野可达350度，能够看到身后的影像，是陆地上视野最广的哺乳动物。但因为马的眼睛长在头的两侧，双眼重叠的视野只有前方约65度，在这范围外，马就无法准确估算距离。

（图片提供／达志影像）

能感应红外线

　　响尾蛇的眼睛和鼻子间有个特殊的颊窝，能感应红外线。红外线是一种热辐射，有温度的地方就有红外线。所以即使在无光的地方，响尾蛇也能感应到有温度的动物，比如树丛中的老鼠。

（图片提供／达志影像）

为什么松鼠可以在树上爬上跳下？

扫码看视频

松鼠是城市中常见的小动物，公园、行道树，甚至细细的电缆线上都可以看见它们跳上跳下的身影，动作灵活得像个特技演员。松鼠的身手为什么这么敏捷呢？

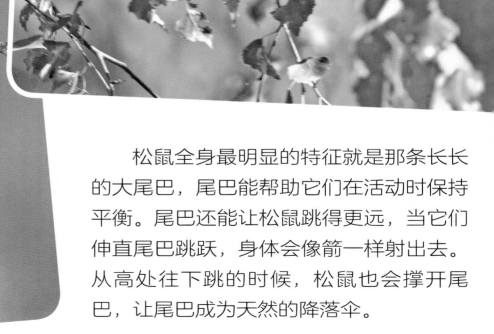

松鼠全身最明显的特征就是那条长长的大尾巴，尾巴能帮助它们在活动时保持平衡。尾巴还能让松鼠跳得更远，当它们伸直尾巴跳跃，身体会像箭一样射出去。从高处往下跳的时候，松鼠也会撑开尾巴，让尾巴成为天然的降落伞。

除了大大的尾巴，锐利的爪子也是松鼠敏捷活动的秘密武器。松鼠的前后脚都长着又尖又利的爪子，弯弯的形状像钩子，可以稳稳勾住树干，所以它们能在细细的树枝上奔跑，甚至倒挂着吃东西。

（本页图片提供／达志影像）

13

▲ 从平地到海拔2000米的山地，都能看见赤腹松鼠。

松鼠喜欢吃种子、果实，有时也吃昆虫。它们有坚硬的牙齿，可以啃破种子的外壳。松鼠吃东西时大多后脚站立，前脚捧着食物啃啊啃，样子非常可爱。当食物多得吃不完时，松鼠会把种子埋到土里保存，但常常忘了自己把食物藏在哪里，种子就在土里悄悄发芽。所以，松鼠虽然吃掉了很多种子，但也是帮助植物传播的好帮手。

动物的脚有各种不同的外形，有些适合游泳，有些适合挖土。一起来比比看。

擅长抓握的脚

住在树上的动物都拥有擅长抓握的脚，能稳稳抓住树干，像红毛猩猩、树袋熊。

动物的脚比一比

擅长捕猎的脚

　　许多肉食性动物的脚上长着锐利的爪子，像鱼鹰的爪子不但尖锐，还呈钩子状，能牢牢抓住猎物。

擅长游泳的脚

　　有些动物的脚趾间连着薄皮，称为蹼。蹼就像鱼鳍，能让动物轻松地划水，例如蛙、鸭、鹅、企鹅、海鸥的脚都有明显的蹼。（图片提供／达志影像）

擅长奔跑的脚

　　有些动物的脚有又厚又硬的蹄，像长颈鹿、马、羊等。蹄没有神经，即使在粗糙的地面上奔跑也不会痛，就像是动物的运动鞋。

为什么蜥蜴又被称为小恐龙？

扫码看视频

▼草蜥身形修长，常见于河床、草丛。

你见过蜥蜴吗？蜥蜴有扁平的四只脚、尖尖的头、长长的身体和比身体更长的尾巴，身体布满鳞片，看起来和远古时期的恐龙有点像，所以也有人把蜥蜴称为小恐龙。

▲壁虎是生活在我们周围的蜥蜴亚目动物的一种。

蜥蜴是有鳞目蜥蜴亚目爬行动物的总称，壁虎、石龙子、巨蜥、变色龙等都属于蜥蜴。蜥蜴的种类多，外形差异也大。生活中最常见的蜥蜴应属壁虎，壁虎体色偏灰白，有些有咖啡色的纹路。野外常见的斯文豪氏攀蜥，雄蜥头上有威武的鬣鳞，样子和棘龙有些相似。而印度尼西亚的科莫多巨蜥是世界上最大的蜥蜴，也是凶猛的猎食者，连庞大的水牛都是它们的猎物。大部分蜥蜴都是肉食性的，只要能吞进嘴巴的动物它们几乎都吃，像蚂蚁、蜘蛛、鱼虾，甚至同类和其他动物的尸体都是它们的食物。

▲科莫多巨蜥会分泌毒液，让猎物的血无法凝固而失血死亡。

▲有些蜥蜴遇敌时会自断尾巴逃生，过不久尾巴会慢慢长回来。（图片提供／达志影像）

▶斯文豪氏攀蜥生气时会竖起头上的鬣鳞来示威。
（图片提供／达志影像）

　　虽然有些蜥蜴的外形看起来比较凶猛，但我们平常遇到的蜥蜴，大部分都安静且害羞，不会主动攻击。遇到敌人时，蜥蜴大多会虚张声势地弓起身体，上下晃动，让自己看起来更大，好吓退敌人。要是敌人仍然继续逼近，蜥蜴就会一溜烟地逃走。有些蜥蜴在遇敌时会断尾，断掉的尾巴会持续扭动，转移敌人的注意，蜥蜴就趁机逃跑。

蜥蜴比一比

蜥蜴家族的成员各个长得不一样，有些尾巴细长，有些皮肤光滑，有些长着疙瘩，有些长着斑点。你最喜欢哪一种？

大壁虎

也称大守宫，体长约 20 厘米～30 厘米，喜欢住在干燥的洞穴里，体色鲜艳多样，常见黄色、橘色斑点。遇到危险时常会断尾自保。

（图片提供／达志影像）

铅山壁虎

常见的壁虎种类，体长约 6 厘米～13 厘米，深浅交错的斑纹从背部一直遍布到尾巴。白天喜欢在阴凉处，会随着环境变化改变体色深浅。（摄影／小勋）

斯文豪氏攀蜥

体长约 25 厘米～28 厘米，下颚有白色斑纹，身侧有黄色纵向条纹。在低海拔地区活动，很能适应人为环境，常在公园、学校看见它们。（摄影／小勋）

环颈蜥

　　是鬣蜥科的一种，体长约 20 厘米 ~ 35 厘米，颈部有黑白色的圈状纹路，喜欢在阳光充足且干燥的灌木和岩石区活动。它们是赛跑高手，奔跑时速可达26千米。

（图片提供／达志影像）

脆蛇蜥

　　体长约 40 厘米 ~ 55 厘米，没有四肢，外形和蛇很像，也和蛇一样扭动滑行。身上有蓝色斑纹，遇到危险会断尾求生。（摄影／小勋）

短肢攀蜥

　　台湾地区特有品种，体长约 18 厘米 ~ 23 厘米，在中海拔森林边缘活动。体色偏绿，受到惊吓时可能会变成全黑。雄蜥体侧有明显的黄色纵向斑纹，雌蜥的斑纹则较不明显。

丽纹石龙子

　　体长约 23 厘米 ~ 28 厘米，幼蜥背上有五条金线，尾巴呈鲜蓝色。成年后体色渐渐转为褐色，尾巴的蓝色也会变淡。

（摄影／小勋）

为什么蜥蜴喜欢晒太阳?

扫码看视频

蜥蜴是常见的爬行动物，和蛇一样都属于爬行纲有鳞目这个大家族。郊外的树干上、草丛里、石头上，常常可以看见蜥蜴在那儿一动也不动。它们在做什么呢？其实蜥蜴和其他爬行动物一样，都是变温动物。它们的体温会随着外界环境的温度改变而变化，没办法自行调节，所以必须靠晒太阳来提升体温。看，

这只蜥蜴正在享受日光浴呢！如果体温太高，蜥蜴也会躲进阴凉的地方，等到体温降到适当时，才会再出来活动。

▶ 体温太高时，蜥蜴会躲在阴凉的地方乘凉。

▲ 大部分蜥蜴都会爬树，它们的尾巴有一圈圈突起的刺状鳞片，用来帮助身体攀附在树干上。

蜥蜴有时候会静止不动，等猎物靠近时再一口咬住。（图片提供／达志影像）

　　蜥蜴因种类的不同，有些在夜晚活动（如大壁虎或是沙漠中的蜥蜴），有些则是在白天活动（如攀木蜥蜴）。喜欢在白天出没的蜥蜴，会以晒太阳作为一天活动的开始，等达到足够的体温之后，才开始觅食，晚上就停在植物上休息。不同的蜥蜴有不同的栖息环境，像壁虎科的蜥蜴常出现在住宅的墙壁上；树林或公园的树上常常可以发现攀木蜥蜴的踪迹；沿岸岛蜥常出现在海岸礁石上；海拔 2000 米以上的山区就会看见雪山草蜥和台湾蜓蜥。

▲蜥蜴通常一次产 2 颗 ~8 颗蛋，呈椭圆形。（图片提供／达志影像）

蜥蜴的繁殖季是夏天。以攀木蜥蜴为例，母蜥蜴体形较小、体色较暗；公蜥蜴的体形较大、体色也比较鲜艳。当它们交配后，母蜥蜴会找一个湿度适当的地方，用前脚挖洞之后把蛋产在里面，一次产 2 颗 ~8 颗，然后母蜥蜴会把蛋埋好再离开。如果蛋没有被蛇吃掉或是被真菌寄生，大约经过 1 个半月之后，小蜥蜴就会从蛋里孵化出来。小蜥蜴一孵出来就会钻出泥土独立生活。

近年来土地的大面积开发及杀虫剂的大量使用，严重破坏了生物的栖息地，野外蜥蜴的数量、种类也受到影响而逐渐减少。每一种生物都是地球的居民，身为人类的我们是否也该站在其他动物的立场想一想，为它们保留一片净土呢？

▲为了维持湿度，有些蜥
泌一层钙质薄膜封住蛋
（图片提供／达志影像）

▲乌龟靠晒太阳来

全世界有超过 100 万种以上的动物，有些像蜥蜴一样是变温动物，有些是恒温动物，这两种类型的动物各有维持体温的妙招。

变温动物
（爬虫类、两栖类、鱼类、昆虫）

...时会分 ▲瓢虫在冬天常聚集在一起取暖。
（图片提供／达志影像）

...如果体温太高就会潜入水中。

恒温动物
（哺乳类、鸟类）

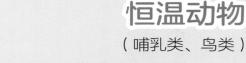

▲生长在极地的海豹靠身上一层厚厚的脂肪来保暖。

▲鸟儿的羽毛就是最佳保暖工具。

▲狗的汗腺不发达，天气太热时会张开嘴哈气来帮助散热。（摄影／麦汀）

由于科学家们发现有些恒温动物不一定能一直维持体温的恒定，像土拨鼠在冬眠状态下，体温会从 39℃ 降至 7℃，心跳从原来的每分钟 100 下跌至每分钟 2 下～3 下，所以用"恒温动物"来定义好像不完全正确，因此改用"内温动物"（体温主要是由身体自动产生、调节）与"外温动物"（体温随外界环境的变化而变化）来称呼恒温动物和变温动物。

为什么树要开花？

扫码看视频

　　每个季节有不同的树会开花：春天，木棉树光秃秃的树干上，开满了手掌大的橘红色花朵；夏天，腊肠树金黄色的花朵一串串垂下来，随着风摇啊摇；秋天，黑板树开出一团团绿色的花朵；到了冬天，梅花盛开，有白，有红，有粉红，还传来阵阵花香。

　　树为什么要开花？植物开花是为了繁衍下一代，花的构造中包含雌蕊和雄蕊，雄蕊上有花粉，当花粉传送到雌蕊上，就能结出果实。除了少部分的植物是自花授粉，大部分的植物都需要另一朵花的花粉来授粉，称为异花授粉。

▲腊肠树在 5 月～6 月开花，金黄色的花朵非常醒目。（摄影 / 张义文）

为了传播花粉，很多花朵都以鲜艳的颜色或香气吸引昆虫来采花蜜或花粉，这样花粉就能沾在昆虫身上，再传播给其他花朵。所以昆虫可以说是花朵的"媒人"，有了它们，植物才能顺利地授粉、结果。

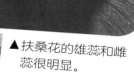

雌蕊

雄蕊

▲扶桑花的雄蕊和雌蕊很明显。

（摄影 / 郑元春）

▲樱花树在春天开花，不同品种的花颜色也不同，常见的有桃红色、淡粉红色。

▲上图是人类眼中的驴蹄草花，下图是紫外线照射下的花朵，可以看到中间深色的蜜源标记。（图片提供／达志影像）

▲蜜蜂是最具代表性的传粉昆虫。

▲蜂鸟每天会采好几百朵花。

花有不同的形状、颜色和气味，这是因为不同昆虫能看到的颜色不一样、喜欢的香味也不同，所以花朵用独特的样貌和香气来吸引特定的昆虫，以提高花粉传播的概率。大部分昆虫都看得见紫外线，所以花朵在它们眼中的样子和我们看到的不一样。有些花会以颜色或是纹路标示出花蜜的位置，指引昆虫更快找到花蜜。

花粉的传播方式比一比

植物用不同方式来传播花粉，有些利用昆虫，有些利用风……一起来认识花粉的传播方式。

虫媒花

利用昆虫传播花粉。常见的"媒人"有蜜蜂、蝴蝶、甲虫等。大部分植物都是虫媒花，花心有花蜜吸引昆虫进入花中，花粉也较大较黏，因此能沾在昆虫身上。

▲车前草的花粉轻飘飘，数量又多，最适合靠风来传粉。

风媒花

利用风力传播花粉。风媒花多整群生长，因为不需要吸引昆虫，风媒花通常比较小，也没有花蜜，但花粉又轻又多，且雄蕊伸出花外，好让风把花粉吹走。

鸟媒花

利用鸟类传播花粉。常见的"媒人"有画眉、绿绣眼、蜂鸟等。花朵大多是红色或橘色，以引起鸟儿的注意；花形较长，这样鸟儿把嘴伸进花心吸蜜时，头上或身上就会沾到花粉。

▲这是苦草的雌花，雌花在水面上等雄花从水下浮上来授粉。
（摄影／林春吉）

水媒花

利用水流传播花粉。少数沉水型水生植物的雄花开在水底下，雌花开在水面，开花后雄花会脱离植株，漂浮到水面上给雌花授粉，雌花受粉后会缩回水底，在水里结果实。

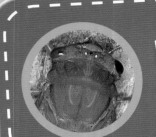

蝉有哪些不同的种类?

扫码看视频

（本页摄影 / 李文贵）

夏天到了，树上常会传来"唧——唧——"的叫声，那是蝉在唱歌。蝉是半翅目的昆虫，种类非常多，有的体形大，有的体形小，颜色也不太一样。让我们来认识几种常见的蝉。

螗蛄

低海拔山区很常见的蝉，体形小，身体比较扁平，身体的颜色和树干很相似，在6月～7月的时候数量最多。

熊蝉

　夏季很常见的蝉，体形大而粗壮，体长大约 5 厘米，身体呈黑色，具有金属光泽，大约在早上 7 点就开始鸣叫，声音相当的嘹亮。

台湾骚蝉

　常见的蝉，分布在低海拔的都市到海拔 1200 米的山区。当它们一起鸣唱时，此起彼落的"央央央央央"声非常嘈杂，所以有人称它们为"魔音蝉"。

红脚黑翅蝉

　体形小，身体瘦长，有黑色的翅膀、红色的脚，飞行速度慢，鸣声小，喜欢和同伴一起唱歌。

薄翅蝉

　栖息在平地到低海拔山区，有绿色型和橙色型两种，头大、身体粗短，叫声听起来为"哥伊——哥伊——"。

草蝉

　体形娇小，身长大约只有 1.5 厘米，翠绿的颜色让它在草丛里不易被发现。　▶

昆虫音乐家比一比

蝉是鸣虫的一种，鸣虫发出声音通常是为了求偶、打架示威、占地盘、呼唤同伴等。它们发出的声音都不一样，发出声音的方式也不同哟！

蝉

腹部的腹瓣下有一组由鼓膜、镜膜、共鸣箱等组成的发音组织，蝉靠腹部的发音肌伸缩，振动鼓膜，再经由共鸣箱产生共鸣来发出声音，原理就像手风琴的音箱一样。（摄影／林义祥）

蟋蟀

雄蟋蟀的左前翅有一排细齿状的凸起，就像弦乐器的弹器一样，右前翅有一块硬硬的摩擦片，就像弦乐器的弦。蟋蟀会右翅在上、左翅在下，由左翅摩擦右翅发出声音。（摄影／林义祥）

蝼蛄

生活在地底下，和蟋蟀、螽（zhōng）斯一样，也是靠摩擦翅膀来发出声音。发音时，左翅在上、右翅在下。

螽斯

和蟋蟀一样，都是靠摩擦前翅来发声，但是声音没有蟋蟀响亮。发音时螽斯的左翅在上、右翅在下，右翅的弹器会摩擦左翅的弦器。（摄影／林义祥）

蝗虫

后腿内侧一排凸起的颗粒就像是弦乐器的弹器，翅膀上的粗脉像弦。当蝗虫摩擦后腿内侧的凸起处和前翅的粗脉时，就会发出像笛子的声音。

（摄影／李文贵）

蝉是怎么羽化的？

扫码看视频

蝉的幼虫在黑暗的地底生活，靠吸食植物根部的汁液维生。幼虫在地底经过无数次的蜕皮、成长之后，会在最后一次蜕皮的那年夏天奋力钻出土，然后一步一步爬上树，紧紧地抓住树干或是叶子，准备羽化。

因为种类不同，幼虫出土的时间也不一样。最短的大约两年（如草蝉），有的约5年，美国还有一种蝉的幼虫更是需要长达17年的时间才能出土，因此被称为"十七年蝉"。

羽化，是蝉一生中最重要的过程，通常发生在下午或深夜。刚开始羽化时，幼虫的背部会渐渐鼓起，然后出现一道裂缝，接着裂缝被撑开，蝉将头和胸部伸出来；经过一阵扭动、推挤，蝉的身体开始用力往后仰，前脚、中脚、后脚和翅膀陆续出壳；然后它像倒立一样挂在壳上，稍微休息一下，接着拱起身体，用脚抓住自己的空壳，让腹部从壳里出来。

◄吸食植物根部的汁液维生。

羽化

羽化后，蝉已经完全脱离蝉壳，但是身体尚未完全干燥，翅膀还是湿湿软软的，不能飞。必须等到身体和翅膀都完全干燥、变硬之后，才能展翅飞翔。刚完成羽化的蝉，身体颜色比较淡，之后才会慢慢变深。

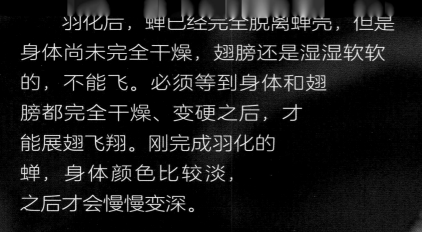

（本页摄影／李文贵）

33

蝉的羽化过程长达1小时~2小时，在这过程中，蝉还不会飞，也不能爬行，是最危险的。小鸟、螳螂、蚂蚁等，都可能趁这时候来攻击。幸好蝉的幼虫体色和树皮很相近，有保护色的作用；另外蝉的羽化大多发生在下午或深夜，也因此避开了天敌的活动时间，躲过了许多攻击。找个夏日清晨，到户外走走，找找树干低处是否有蝉羽化后留下的蝉蜕吧！

▲ 树上有许多蝉蜕。（摄影／李文贵）

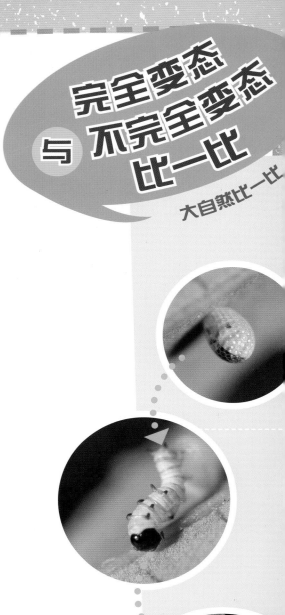

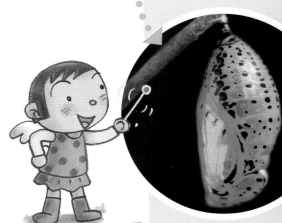

动物在成长过程中，会以不同的生命形式来适应环境，生物学家称此现象为变态。昆虫的变态分成完全变态和不完全变态两类，两者最大的不同就在于是否经历蛹的阶段。

完全变态

不完全变态

完全变态	成长	不完全变态
卵、幼虫、蛹、成虫	成 长	卵、幼虫、成虫
蛾、蝴蝶、蜜蜂、蚂蚁、甲虫等	种 类	蝗虫、蟋蟀、螳螂、蝉、椿象等
幼虫的身体结构与外观和成虫完全不一样	成 虫 与 幼 虫	幼虫与成虫的生活环境与习性类似，形态相似，因此被称为若虫
虫没有翅膀，直到蛹期才发育，成虫羽化后才能飞翔	翅 的 生 成	幼虫的翅膀像小芽般，随时间与龄期的增长而生长，到成虫时才完全长成

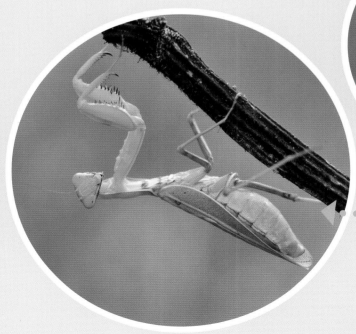

为什么竹节虫会蜕皮？

扫码看视频

竹节虫从出生一直到长大，在外形上都没有太大的改变，它们会随着龄期的增加而渐渐长大，每蜕一次旧皮，就会长大一些。

其实昆虫在成长的过程中，都需要经过蜕皮才能够长大。那是因为昆虫的外皮没有办法随着身体的成长而增长，所以当幼虫长到一定程度的时候，身体里会分泌蜕皮激素，把旧皮和真皮细胞分开，并长出新表皮。等新表皮长出来，昆虫就会收缩腹部，向上拱起背部，一点一点地从旧皮中挣脱出来，把太紧绷、太小的旧皮蜕掉，让已经变大的身体舒展。

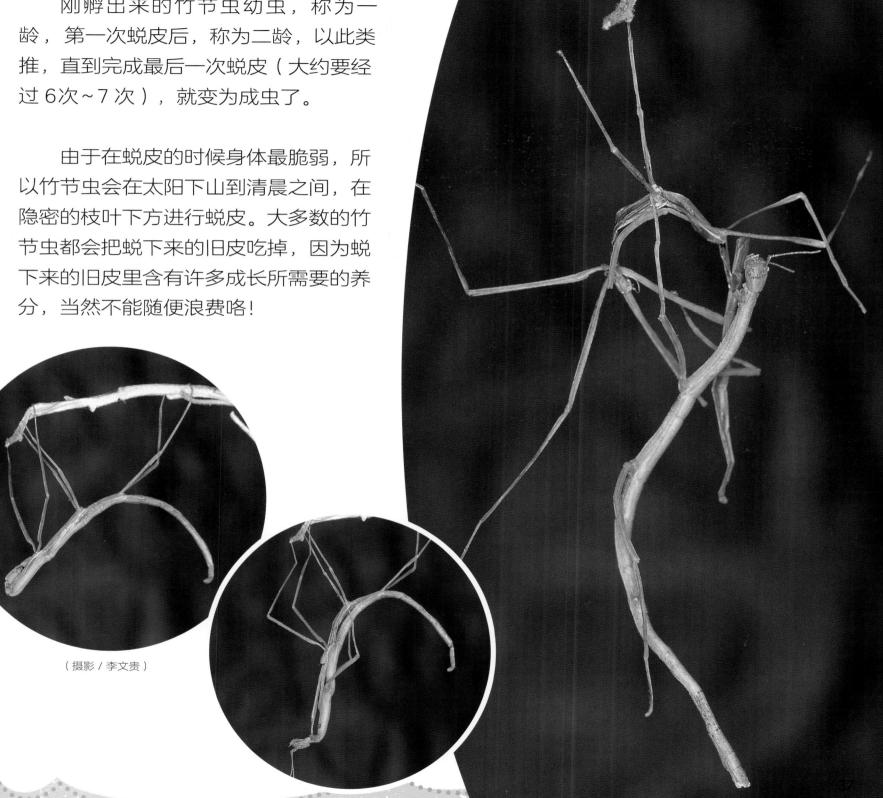

刚孵出来的竹节虫幼虫，称为一龄，第一次蜕皮后，称为二龄，以此类推，直到完成最后一次蜕皮（大约要经过 6 次~7 次），就变为成虫了。

由于在蜕皮的时候身体最脆弱，所以竹节虫会在太阳下山到清晨之间，在隐密的枝叶下方进行蜕皮。大多数的竹节虫都会把蜕下来的旧皮吃掉，因为蜕下来的旧皮里含有许多成长所需要的养分，当然不能随便浪费咯！

（摄影／李文贵）

竹节虫比一比

世界上大约有2500种～3000种竹节虫，大多长得像树枝，有些长得像树叶；有的呈褐色，有的呈绿色。让我们来认识几种常见的竹节虫。

棉秆竹节虫

触须细长，体长大约6厘米，活泼好动。成虫的飞行能力强，可以进行比较长距离的飞行，是很常见的竹节虫。

瘤竹节虫

身体呈深褐色，表面有许多凸起，尾部看起来不平整，乍一看会以为是一截折断的枯树枝。受到攻击时会掉到地面装死。

拟瓦腹华竹节虫

复眼很大，雄虫多为绿色，交尾器肥大，以青冈栎为主要食物。

粗粒皮竹节虫

常出现在步道旁，只要在有些潮湿的草丛里都有机会看到它。体形大，全身布满小颗粒，触须细长。

台湾长肛竹节虫

雄虫体形纤细，体长大约有 8.5 厘米，身体呈棕黑色，触须几乎和前脚一样长。雌虫触须短短的，体形比较圆胖。

（本页摄影／李两传）

为什么蚂蚁要保护蚜虫？

扫码看视频

蚜虫是很小的昆虫，平均体长约0.2厘米，常一群群聚集在茎、叶上，吸食植物的汁液，对植物造成很大的伤害。蚜虫的繁殖力惊人，雌蚜虫甚至不需要雄蚜虫也能繁殖下一代。所以对人类来说，蚜虫是害虫，会严重危害农作物。

蚜虫又会吃又会生，生存能力很强。不过它们没有攻击性，也不像蜗牛、甲虫一样有硬壳，所以很容易被天敌吃掉，而且蚜虫的天敌多，瓢虫、草蛉、食蚜蝇等，都喜欢吃蚜虫。蚜虫为了活下去，发展出一套特别的生存办法。

蚜虫吸饱了植物的汁液，多的汁液就会从屁股排出，称为蜜露，这比砂糖还甜 150 倍。而又香又甜的蜜露是蚂蚁眼中的大餐，所以蚂蚁喜欢待在蚜虫周围，它们用触角碰碰蚜虫的屁股，蚜虫就会分泌蜜露。为了确保有源源不绝的蜜露，蚂蚁会保护蚜虫，赶走它们的敌人。

（本页图片提供／达志影像）

蚂蚁不只会保护蚜虫，也会像人类照顾牛羊一样照顾蚜虫。如果蚜虫的食物不够了，蚂蚁会把蚜虫搬到食物充足的地方。冬天时，蚂蚁把蚜虫的卵搬回巢里避冬，还会不定时把卵搬出来晒太阳。等小蚜虫孵出来，蚂蚁再把它们搬到植物上。有些蚂蚁甚至直接把植物搬回巢里，在蚁窝里建立蚜虫牧场。对蚂蚁来说，蚜虫就是它们的乳牛，会源源不绝地供应新鲜蜜露，当然要好好保护蚜虫咯！这种双方都能得到好处的行为，称为互利共生。

自然界中的共生，是指两种生物共同生活在一起的行为。有些共生对彼此都有好处，有些却不一定哟！

互利共生

两种生物一起生活，双方都从中得到好处。例如：有些寄居蟹会把海葵搬到壳上，海葵有毒的触手可以保护寄居蟹，寄居蟹则载着海葵移动，让海葵捕食更方便。

共生关系比一比

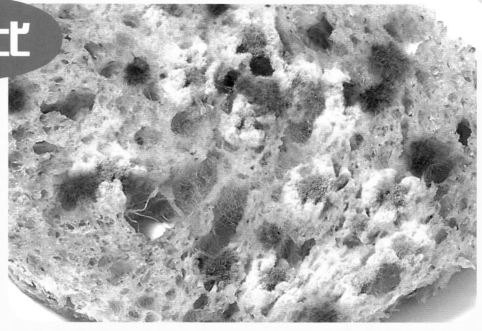

偏害共生

　　两种生物一起生活，其中一方因此受害，另一方却没有受到影响。例如：青霉菌是常见的真菌，它们会分泌青霉素来抑制附近的细菌生长。即青霉素对其他细菌有害，对青霉菌本身却没有危害。

（本页图片提供／达志影像）

偏利共生

　　两种生物一起生活，其中一方得到好处，另一方没有好处也没有坏处。例如：鮣鱼会用头部的吸盘紧紧贴在大鱼身上，这样就能毫不费力地吃到大鱼吃剩的食物，敌人也不敢靠近。

为什么白蚁是大自然的清道夫？

扫码看视频

　　大自然里每天都有动物死掉，有叶子掉落，有树木枯萎，这些大自然的垃圾如果一直堆积下去，地球就会到处都是垃圾。幸好，自然界里的有些动物会吃其他动物吃剩下的食物，有些会吃落叶、腐木，有些会吃其他动物的粪便，还有菌类和微生物会分解动物的尸体碎屑、朽木和烂叶。大自然的垃圾经由这些动物和菌类的帮忙，就会一点一点慢慢消失。白蚁就是大自然的清道夫之一。

（本页图片提供／达志影像）

▼工蚁辛勤照顾卵和幼蚁。

白蚁分为木栖型、土栖型、土木两栖型三种。木栖型会在木头上筑孔道，啃食干燥的木质纤维。土栖型在地底或地面建造蚁冢，以树木、树叶和菌类为食物。土木两栖型则常在活的树木、土里的木材和干燥木材里筑巢，以干枯的植物和木材为食物。

白蚁是社会性昆虫，一窝里面会有一只具有生殖能力的蚁后，它的任务就是不停地产卵。根据生物学家的研究，蚁后几乎每隔 3 秒就会产下一颗卵，有一只雄蚁专门和蚁后交配，还有少数兵蚁和大量的工蚁。兵蚁负责防卫，工蚁则要兼顾筑巢、造路、清扫、采集食物、喂养、照顾卵和幼蚁等工作。

▲蚁后的体形比其他白蚁大好几十倍，它只负责交配、产卵，其他日常生活都由工蚁照顾。

白蚁有"大水蚁"的俗称，这是因为白蚁喜欢潮湿的环境，而且只有在下雨前空气湿度最高的时候进行"婚飞"（有翅膀的白蚁飞出巢外交配），所以才会有看见白蚁就表示快要下大雨的说法。

▲飞出巢穴的白蚁具趋光性，常常一大群聚集在有光源的地方。（摄影／陈振丰）

白蚁在大自然中扮演分解者的角色，可以分解森林中的腐木，使木头纤维变成养分回归大地，所以被称为大自然的清道夫，是一种益虫。但是在人类世界，白蚁反而被认为是一种害虫，因为它们会啃食木制家具或木头梁柱。你觉得白蚁到底是益虫还是害虫呢？

48

（本页图片提供／达志影像）

白蚁和蚂蚁都是社会性昆虫，也都会筑巢而居，但又有截然不同的地方，一起来看看白蚁和蚂蚁有什么地方不一样。

白 蚁

蚂 蚁

白蚁		蚂蚁
多为白色或灰白色，但工蚁、兵蚁常为棕褐色	颜色	多数为黄色、褐色、黑色或橘红色
咀嚼式	口器	咀嚼式
直且无曲折，念珠状	触角	曲折
无腰节	身形	胸腹间有明显的腰节
有雄有雌	工蚁	都是雌的
只吃植物，主要是木料和含纤维物质，除极少数种类外，一般无贮粮习性	食物	杂食性，有贮粮习性

图书在版编目（CIP）数据

森林朋友圈 / 王元容，张涵易，何佳芬著；陈振丰
摄影 . — 福州：福建少年儿童出版社，2018.12
（大自然为什么）
ISBN 978-7-5395-6633-7

Ⅰ.①森… Ⅱ.①王… ②张… ③何… ④陈… Ⅲ.
①自然科学－儿童读物 Ⅳ.① N49

中国版本图书馆 CIP 数据核字 (2018) 第 237456 号

著作权合同登记号：13-2017-73
本书中文简体字版由亲亲文化事业有限公司授权出版

大自然为什么
森林朋友圈
SENLIN PENGYOU QUAN

文 / 王元容　张涵易　何佳芬　摄影 / 陈振丰
出版人 / 陈远　总策划 / 杨佃青　金海燕　执行策划 / 黄艳彬
责任编辑 / 陈婧　李劢　美术编辑 / 郑楚楚　霍霞　助理编辑 / 陈佳
出版发行：福建少年儿童出版社
http://www.fjcp.com　e-mail:fcph@fjcp.com
社址：福州市东水路 76 号　邮编：350001
经销：福建新华发行（集团）有限责任公司
印刷：福州德安彩色印刷有限公司
地址：福州市金山浦上工业区标准厂房 B 区 42 幢
开本：889 毫米 ×1194 毫米　1/12
印张：4
印数：1—5000
版次：2018 年 12 月第 1 版
印次：2018 年 12 月第 1 次印刷
ISBN 978-7-5395-6633-7
定价：45.00 元